BEI GRIN MACHT SICH IHR WISSEN BEZAHLT

- Wir veröffentlichen Ihre Hausarbeit,
  Bachelor- und Masterarbeit

- Ihr eigenes eBook und Buch -
  weltweit in allen wichtigen Shops

- Verdienen Sie an jedem Verkauf

Jetzt bei www.GRIN.com hochladen und kostenlos publizieren

Bibliografische Information der Deutschen Nationalbibliothek:

Die Deutsche Bibliothek verzeichnet diese Publikation in der Deutschen National-
bibliografie; detaillierte bibliografische Daten sind im Internet über http://dnb.d-
nb.de/ abrufbar.

Dieses Werk sowie alle darin enthaltenen einzelnen Beiträge und Abbildungen
sind urheberrechtlich geschützt. Jede Verwertung, die nicht ausdrücklich vom
Urheberrechtsschutz zugelassen ist, bedarf der vorherigen Zustimmung des Verla-
ges. Das gilt insbesondere für Vervielfältigungen, Bearbeitungen, Übersetzungen,
Mikroverfilmungen, Auswertungen durch Datenbanken und für die Einspeicherung
und Verarbeitung in elektronische Systeme. Alle Rechte, auch die des auszugsweisen
Nachdrucks, der fotomechanischen Wiedergabe (einschließlich Mikrokopie) sowie
der Auswertung durch Datenbanken oder ähnliche Einrichtungen, vorbehalten.

Impressum:

Copyright © 2006 GRIN Verlag, Open Publishing GmbH
Druck und Bindung: Books on Demand GmbH, Norderstedt Germany
ISBN: 978-3-668-12447-9

Dieses Buch bei GRIN:

http://www.grin.com/de/e-book/114663/praktikumsbericht-analysentechnik-fluo-
ridbestimmung-in-mineralwasser

Antonia Hendel

Praktikumsbericht Analysentechnik. Fluoridbestimmung in Mineralwasser

GRIN Verlag

GRIN - Your knowledge has value

Der GRIN Verlag publiziert seit 1998 wissenschaftliche Arbeiten von Studenten, Hochschullehrern und anderen Akademikern als eBook und gedrucktes Buch. Die Verlagswebsite www.grin.com ist die ideale Plattform zur Veröffentlichung von Hausarbeiten, Abschlussarbeiten, wissenschaftlichen Aufsätzen, Dissertationen und Fachbüchern.

Besuchen Sie uns im Internet:

http://www.grin.com/

http://www.facebook.com/grincom

http://www.twitter.com/grin_com

Praktikum Analysentechnik AK2

Fluoridbestimmung in Mineralwasser
WS 06/07

Gruppe 4

Inhaltsverzeichnis

1. Aufgabenstellung

Zu bestimmen war der Fluoridgehalt in drei verschiedenen Mineralwässern mittels:

- Ionenselektive Elektrode (ISE; Direktpotentiometrie)
- Photometrie (Küvettentest LCK 323)

Zusätzlich soll zur Abschwächung von Matrixeffekten und des geringen Fluoridgehaltes das Verfahren der Standardaddition angewendet werden.

2. Theorie

2.1 Eigenschaften von Fluor

Fluor: engl. fluorine; lat. fluere ("fließen")

relat. Atommasse	18,9984032
Ordnungszahl	9
Schmelzpunkt	-219,62 C
Siedepunkt	-188,14 °C
Oxidationszahlen	-1
Dichte	1,696 g/l
Elektronenkonfig.	[He]2s22p5

Fluor ist ein farbloses, in dichteren Konzentrationen gelbgrünliches Gas, das stechend riecht. Bei Zimmertemperatur liegt es in Form zweiatomiger Moleküle vor (F_2).

Fluor ist das elektronegativste, reaktionsfähigste Element und das stärkste Oxidationsmittel. Es reagiert mit fast allen Stoffen schon bei tiefen Temperaturen. Mit Wasserstoff verbindet es sich unter Feuererscheinungen oder explosionsartig zu Fluorwasserstoff:

$H_2 + F_2 -----> 2\ HF$ $\square H_R = -542\ kJ/mol$

Mit den meisten Metallen und Nichtmetallen und sogar mit Chlor, Brom und Iod reagiert es zu den entsprechenden Fluoriden.
Da Fluor auch Glas angreift, wird es in Flaschen aus Kupfer-Nickel-Legierungen transportiert und aufbewahrt.
Organische Stoffe reagieren mit Fluor unter Bildung von Fluorwasserstoff und Kohlenstofffluorid.

2.2 "Biologische Bedeutung"

In geringen Mengen kommen Fluorverbindungen jedoch auch im menschlichen Körper vor, so zum Beispiel im Zahnschmelz, in den Knochen, im Magensaft, oder im Blut
Fluor ist wichtig für die Härtung des Zahnschmelzes, sowie auch für das Knochenwachstums. Mit Hilfe von Fluoriden wird Hydroxyapatit in das härtere Fluorapatit umgewandelt. Der Zahn wird resistenter gegen Säuren und damit gegen Karies. Der empfohlene Tagesbedarf eines Erwachsenen betragt 2mg, bei Kleinkinder bei 0,2mg. Eine zu hohe F⁻-Aufnahme kann zu schweren Vergiftungen führen.

Eine gezielte Fluoridaufnahme ist in Deutschland eigentlich nur über Zahnpasta und Fluoridtabletten möglich. Die Fluoridierung von Trinkwasser ist nicht erlaubt. Jedoch tragen auch Mineralwasser zur Aufnahme von Fluorid bei. Laut Gesetz muss der Anteil an Fluorid nur dann angeben werden, wenn mehr als 5mg/L F⁻ vorliegen. Sonst ist die Deklarierung freiwillig.

2.3 Vorkommen

Elementares Fluor kommt aufgrund seiner hohen Reaktivität in freier Form in der Natur nicht vor. In Form seiner Salze, der so genannten Fluoride, ist Fluor aber weit verbreitet und beispielsweise auch in vielen Wässern (0,1–1,5 mg/l F⁻) enthalten.
Zur Herstellung von Fluor und Fluorchemikalien dient hauptsächlich Flussspat (CaF_2).

2.4 Ionenselektive Elektrode

Die ISE (=ionenselektive Elektrode) ähnelt sehr der Glaselektrode. Mittels Direktpotentiometrie lässt sich mit der ISE die Konzentration freier, ungebundener Ionen in einer Lösung bestimmen.
Das Prinzip der ISE entspricht dem Austausch von Ionen oder auf Komplexbildungs-, Verteilungs-, oder Löslichkeitsgleichgewichten. Die Aktivitäten entsprechen in verdünnten Lösungen den Konzentrationen der Ionen. Ein bevorzugtes Merkmal ist die Aktivitätsmessung, da etwa Reaktionsgeschwindigkeiten oder chem. Gleichgewichte durch die Aktivität und nicht durch die Konzentration bestimmt werden können.

Mit einer ISE kann man bestimmte Ionen in einer Lösung selektiv messen. Zwischen einer ISE und einer Referenzelektrode wird eine elektrochemische Potentialdifferenz erzeugt. Dieses Potential ist proportional zum Gehalt bzw. der Konzentration des Ions, auf dass das System selektiv anspricht.
Um die Konzentration messen zu können muss, die Ionenstärke einer Lösung konstant gehalten werden. Dies wird durch Zugabe eines inerten Elektrolyten mit konstanter und hoher Konzentration zur Probelösung erreicht. Dieser Zusatz wird als ISA Lösung oder ISAB bezeichnet. So werden direkte Konzentrationsmessungen möglich, wenn sowohl zum Kalibrierstandard als auch zur Probe ISA Lösungen zugegeben wird.
Den Zusammenhang zwischen gemessenem Elektrodenpotential E und Aktivität eines Ions liefert die Nernst Gleichung.

Die Bestimmung der realen Elektrodensteilheit ist ein Kriterium für die Leistungsfähigkeit einer Elektrode. Wird die ionenselektive Elektrode nach Gebrauch nicht gereinigt oder für längere Zeit vernachlässigt, sinkt die Genauigkeit des Meßsystems. Dieser Leistungsabfall kann bei der Kalibrierung als ständige Verringerung der Steigung festgestellt werden. Verschiedene Faktoren wie Verschmutzung des Diaphragmas der Referenzelektrode, Elektrolytverlust, Interferenzen und Benutzung falscher Kalibrierstandards tragen zu niedrigen Steigungen bei.

2.5 Elektrodenmaterial

Zur Fluorid Bestimmung wurde eine Festkörpermembran verwendet:
Festkörpermembranen werden aus ionischen Verbindungen hergestellt, z.B. LaF_3. Dies sind schwerlösliche Kristalle. Nach eintauchen in Wasser oder in eine wässrige Lösung bildet sich ein Gleichgewicht, dass von der bereits vorhandenen Aktivität von F-Ionen abhängt. Bei einer hohen F-Konzentration werden viele F- Ionen an den Bindungsstellen des LaF3-Kristalls angelagert. Im Gegensatz zu einer geringen F Konzentration lösen sich die F-Ionen aus den Kristall heraus, in mmol Einheiten, was jedoch ausreicht um eine elektrochemische Potenzial hervor zurufen.

2.6 Messprinzip der Standardaddition (ISE)

Bei der Standardaddition werden bekannte Mengen eines Analyten zur Probe mit unbekannter Konzentration zugesetzt. Durch diese Methode können Messfehler z.B. Matrixfehler vermieden werden. Die mit der Ionenselektiven Elektrode gemessen Messwert und der folgende Formel kann die Konzentration ermittelt werden.

$$c_p = c_s \cdot \frac{\dfrac{V_s}{V_s + V_p}}{10^{\frac{\Delta E}{s}} - \dfrac{V_p}{V_p + V_s}}$$

wobei:
  c_p = Konzentration der Probe (gesucht)
  c_s = Konzentration des Standards (hier 1000mg/L)
  V_p = Volumen der Probe (incl. Wasser und TISAB, also Gesamtvolumen abzgl. Standardvolumen)
  V_s = Volumen des Standards (siehe Tabelle)
  ΔE = Potentialdifferenz ($\Delta E = E_{pur} - E_{nach\ Addition}$)
  s = Elektrodensteilheit (siehe Standardkurve)

2.7 Grundlagen der Photometrie

Die Spektralphotometrie ist ein gebräuchliches, optisch-analytisches Verfahren zur Bestimmung des Gehaltes von Ionen in Lösungen, welches auf der Messung der Absorption monochromatischer Strahlung durch eine homogene Lösung beruht. Monochromatisches Licht enthält nur einer bestimmten Wellenlänge.

Bei der Photometrie wird die Lichtschwächung gemessen, jede Substanz besitzt ein charakteristisches Absorptionsspektrum dass von der Struktur des Moleküls abhängt. Dadurch absorbiert jede Substanz Licht einer bestimmten Wellenlänge. Bei Aufnahme von Energie in Form von Strahlung werden die Elektronen auf ein höheres Energieniveau angehoben. Wenn das angeregte Molekül die Energie abgibt, in Form von Wärme, wird dadurch wieder das niedrigere Energieniveau erreicht.

Mit dem Quotienten aus der Intensität des auftreffenden Lichtes (I) und des durchgelassenen Lichtes (I_0) kann die Absorption gemessen werden, dies wird als Transmissionsgrad T beschrieben.

$$\tau = \frac{I_T}{I_0}$$

Die Extinktion ist wie die Transmission definiert durch den Quotienten Strahlungsleistung des einfallenden Licht vor und nach aus Austritt aus der Küvette, jedoch in logarithmischer Abhängigkeit. E= -log T.
Mit Hilfe des Lambert- Beerschen Gesetzes lässt sich die Konzentration der Probe ermitteln.

$$E = \varepsilon \, {}^*c \, {}^*d$$

E   = Extinktion,
ε   = Molarer Extinktionskoeffizient (Stoffspezifische Proportionalitätskonstante)
d   = Schichtdicke der Küvette
c   = Konzentration

Das Lambert- Beer'sche Gesetz gilt jedoch nur für monochromatisches Licht, verdünnte und klare Flüssigkeiten!!

2.8 Messprinzip für die Fluoridbestimmung

Für die Bestimmung der Fluoridkonzentration einer Lösung verwendet man den Küvettentest der Firma Dr. Lange (LCK 323). Dieser enthält in jeder Küvette ein eine Lösung aus Zirkonium-Farblack (rote Farbe), der aus Zirkonium und "SPADNS" zusammengesetzt ist. "SPADNS" steht für 1,8-Dihydroxy-2-(4-sulfophenylazo)-Naphtlin-3,6-Disulfonsäure-Trinatriumsalz. Fluoridionen reagieren mit Zirkonium zu einem farblosen Zirkonium-Fluorid-Komplex-Hexafluorozirkonat(IV). Dadurch wird ein Entfärben des vorliegenden Zirkoniumfarblackes bewirkt.

Die Reaktion lautet:

$$[ZrSPADNS]^{1+} + 6F^- \rightarrow ZrF_6^{2-} + SPADNS^{3-}$$

Je mehr Fluorid in der Probe enthalten ist, desto stärker ist die Entfärbung, desto kleiner ist die Extinktion.

2.9 Messprinzip der Standardaddition (Küvettentest)

Bei der Standardaddition werden bekannte Mengen eines Analyten zur Probe mit der unbekannten Konzentration dazugegeben. Das dadurch ansteigende Signal lässt Rückschlüsse zu, wie viel des Analyten in der ursprünglichen Probe enthalten war. Voraussetzungen für dieses Methode ist ein lineares Ansprechverhalten gegenüber des Analyten. Ein weitere Faktor ist noch zu beachten, dass möglichst kleines Volumen zu der Probe dazugegeben wird, sonst wird die Konzentration verändert.

Mit der folgenden Gleichung erhält man die Konzentration der Probe aus dem Messwert:

$$\frac{X_i}{S_V + X_V} = \frac{I_X}{I_{S+X}}$$

X_i = Ausgangskonzentration des Analyten
X_V = verdünnte Konzentration des Analyten(in Anteilen der Ausgangs-
konzentration ausgedrückt)
S_V = Konzentration des Standards in der Lösung mit Probe
I_X = Messgröße der Probe unbekannter Konzentration
I_{S+X} = Messgröße der Lösung, die Probe und Standard enthält

Standardaddition St. Gero µl			Mittelwert
0	0,229	0,249	0,239
30	0,711	0,698	0,7045
60	1,09	1,1	1,095
90	1,17	1,17	1,17

Auf 100ml Standardlösung wurden in 3 Schritten 30, 60 und 90µL dazugeben.

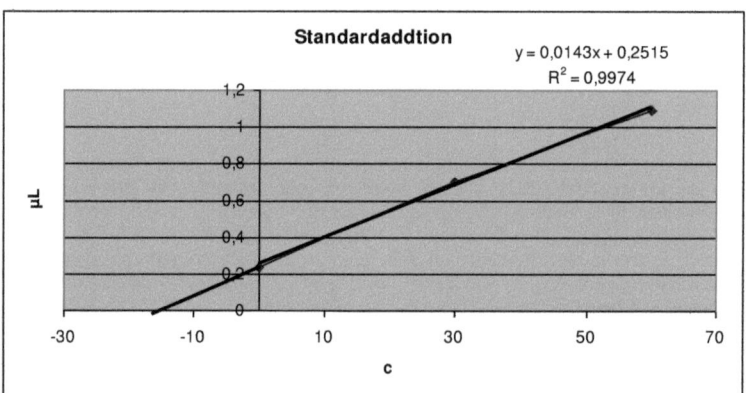

Mit der Geradegleichung kann man die Konzentration der eingesetzten Probe berechnen, indem man zunächst den Schnittpunkt der Geraden mit der Geraden mit der x-Achse berechnet, also y Null setzt.

$$y = 0 = 0{,}0143x + 0{,}2515 \quad \Rightarrow |x| = \frac{-0{,}2515}{0{,}0143} = |-17{,}58 \ \mu g| = \mathbf{17{,}58 \ \mu g}$$

Dies entspricht, wenn man die Standardkonzentration von c = 1,0 g/L in die Rechnungen einbezieht einer Masse an Fluorid von:

$$\mathbf{m(F^-)} = c \cdot |x| = 1{,}0 \, g/L \cdot 17{,}58 \cdot 10^{-6} L = 17{,}58 \cdot 10^{-5} \, g \cong \underline{\mathbf{0{,}17 \, mg}}$$

3. Geräte, Hilfsmittel und Chemikalien

3.1 Geräte, Hilfsmittel und Chemikalien für die ionenselektive Elektrode

3.1.1 Geräte und Hilfsmittel

> Ionenselektive Elektrode für Fluorid Typ 15 215 3000 [Mettler Toledo]
> Referenzelektrode Typ 373-90-WTE-ISE-S7

3.1.2 Volumenmessgeräte (aus Plastik)

> Messkolben 100 mL, 1000mL
> Vollpipetten 5 mL, 10 mL, 25 mL
> Becherglas 100mL, 250mL, 500mL
> Einweg Plastikpasteurpipetten
> Messzylinder 50mL
> Pipettierhelfer
> Eppendorf Kolbenhubpipette 1000µL, 100µL incl. passender Spitzen

3.1.3 Chemikalien

> Fluoridstandard 1000mg/L
> TISAB IV
> Test- Wässer
> VE-Wasser

3.2 Geräte, Hilfsmittel und Chemikalien für den Küvettentest LCK 323 der Firma Dr. Lange

3.2.1 Geräte und Hilfsmittel

> Photometer: CADAS 50 der Firma Dr. Lange
> Ultraschallbad

3.2.2 Volumenmessgeräte (aus Plastik)

> 5 mL Vollpipette
> 100 mL Messkloben
> 100 mL Becherglas
> 500 mL Becherglas
> Eppendorfpipette (inklusive Spitze)

3.2.3 Chemikalien

- Fluoridstandard 1000 mg/L
- Mineralwasser
  - St. Gero
  - Apollinaris
  - Leonhards Quelle
- Dr. Lange Küvettentests LCK 323 zur Fluoridbestimmung

4. Vorbereitung der Mineralwasserproben

4.1 Versuchsdurchführung

Bevor die Messungen mit den Wässern beginnen können, müssen diese noch vorbehandelt werden, da noch Störfaktoren enthalten sind. Störend für unsere Messungen ist die Kohlensäure, die in allen drei Wässern vorhanden ist. Um diese zu entfernen gibt es nun folgende Möglichkeiten:

- Kochen mit anschließender Zugabe von Säure
- Ultraschallbad
- Rühren

Wir haben uns dafür entschieden diese Möglichkeiten an dem St.Gero –Wasser auszuprobieren und dann die beste Methode an allen Wässern durchzuführen.

Es werden je 200 ml des Wassers in ein Becherglas gefüllt und vorher gewogen.

- Kochen

Das Wasser wird auf einen beheizbaren Magnetrührer gestellt und einige Minuten gekocht bis keine Kohlensäure mehr vorhanden ist. Wir mussten dabei aber feststellen, dass sich danach ein Niederschlag gebildet hat. Um diesen Niederschlag wegzubekommen geben wir ein paar tropfen HCl dazu bis sich der Niederschlag gelöst hat.

- Rühren

Die 200ml Wasser werden solange auf einem Magnetrührerer gerührt bis keine Kohlensäure mehr vorhanden ist.

- Ultraschallbad

Das Wasser wurde 10 Minuten in ein Ultraschallbad gestellt und zweimal gemessen. Danach stellten wir das Wasser noch einmal für 5 Minuten ins Ultraschallbad.

Für die Messung der behandelten Wässer benutzen wir die Photometrie, da wir dort sofort die mg-Werte angezeigt bekommen.

4.2 Messwerte

Art der Aufbereitung	1. Messung	2. Messung	3. Messung
Ultraschall	0,231	0,231	0,238
Rühren	0,246	0,263	0,248
unbehandelt	0,256	--	--

<u>Soll-Wert -St. Gero</u>: 0,15 mg

4.3 Auswertung

Wir haben uns dafür entschieden die Methode mit dem Kochen nicht zu brücksichtigen, da es zu aufwendig wäre und durch die Säure wahrscheinlich Werte verfälschen werden könnten. Als beste Methode erwies sich das Ultraschallbad, da die Messwerte relativ konstant blieben.

Hier ist bereits auffällig, dass der gemessene Wert sehr stark vom angegebenen Sollwert abweicht.

5. Versuchsdurchführungen, Messwerte und Auswertungen

5.1 Fluoridbestimmung mittels ISE

5.1.1 Aufnahme einer „Kalibrierkurve

5.1.1.1 Versuchsdurchführung

Messbereich: 10^{-6} bis 10^{-2} M (Dreifachbestimmung)

Zur Aufnahme der Kalibrierkurve wird eine Verdünnungsreihe von 5 verschieden stark konzentrierten Standardlösungen hergestellt. Als Grundlage der Verdünnungsreihe dient ein selbst angesetzter Fluoridstandard mit der Konzentration 1000 mg pro Liter.
Ausgehend von diesem Standard stellen wir folgende Verdünnungsreihe her:

$10^{-2} \Rightarrow 10^{-3} \Rightarrow 10^{-4} \Rightarrow 10^{-5} \Rightarrow 10^{-6}$ mol/L

Wieviel Standardlösung für die erste Verdünnungstufe dazugegeben werden muss, zeigt folgende Rechung:

18,998 g - 1mol
1L - 0,0526mol
0,19L - 0,001 mol

11

Da wir 100ml ansetzen, brauchen wir **19ml** des Fluoridstandards und füllen dies mit VE-Wasser auf 100ml auf. Für die genaue Abmessung werden Messkolben verwendet. Nun kann die Verdünnungsreihe hergestellt werden. Es werden hierzu immer aus der vorhergehenden Verdünnung 10 ml entnommen und mit VE-Wasser wieder auf 100 ml aufgefüllt. Zum Messen werden dann von der jeweiligen Verdünnungen nur 50ml entnommen und noch 5ml TISAB (1:10) dazugegeben . Das Verdünnungsschema wird noch mal in folgender Tabelle verdeutlicht:

Verdünnung	Mit Wasser auf 100 mL auffüllen	Verdünnung	TISAB
10^{-2} M	19 mL Stammlösung $(c(F^-) = 1g/L)$	50 mL	5 mL
10^{-3} M	10 mL	50 mL	5 mL
10^{-4} M	10 mL	50 mL	5 mL
10^{-5} M	10 mL	50 mL	5 mL
10^{-6} M	10 mL	50 mL	5 mL

Die mit TISAB gefüllten Verdünnungen werden dann mit der mit der größten Verdünnung (geringste Konzentration) beginnend mit der ISE gemessen. Doch bevor gemessen werden kann muss noch überprüft werden ob die Elektrode ausreichen mit Elektrolyt befüllt ist. Konditionierung und Austasch des Brückenelektrolyts ist nur notwendig, wenn die Messergebnisse nicht wie erwartet sind. Vor und zwischen den einzelnen Messungen werden die Elektroden (Mess- und Bezugselektrode) gründlich mit VE-Wasser abgespült und danach leicht trocken getupft.

5.1.1.2 Messwerte

Konzentration (in M)	1.Messung (in mV)	2.Messung (in mV)	3.Messung (in mV)	Mittelwert (in mV)
10^{-2}	145	147	145	145,67
10^{-3}	107	107	109	107,67
10^{-4}	50	47	49	48,67
10^{-5}	-9	-11	-9	-9,67
10^{-6}	-67	-67	-68	-67,33

5.1.1.3 Auswertung

Kalibrierkurve

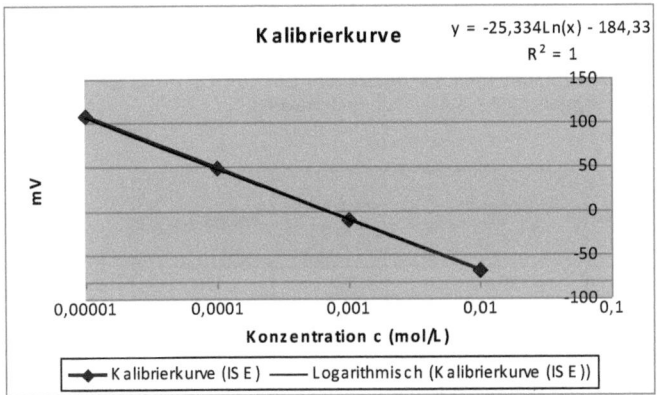

Steigung der Kalibrierkurve: - 58,34

5.1.2 Analyse von 3 Wässer (Dreifachbestimmung)

5.1.2.1 Versuchsdurchführung

Die Messung der drei Analyse-Wässer wird ebenso wie die Standardverdünnungen mit der ISE gemessen. Es werden von dem Aufbereiteten Wasser (siehe Probenaufbereitung) ebenso 50 ml entnommen und dazu 5ml TISAB dazugegeben. Diese Mischung wird dann unter Rühren gemessen. Auch hier wird eine Dreifachbestimmung durchgeführt.

5.1.2.2 Messwerte

Wasser	1.Messung (in mV)	2.Messung (in mV)	3.Messung (in mV)	Mittelwert (in mV)
St. Gero	98	100	98	99
Apollinaris	77	76	77	76,5
Leopolds	52	51	50	51

5.1.2.3 Auswertung

Berechnung der Fluoridkonzentration

Für die Geradengleichung erhält man: y = -25,334ln(x) -184,33 das entspricht einer Steilheit von 58,34 mV, welche sehr nahe an der theoretischen Steilheit von 59,16 mV liegt. Um nun die Konzentration einer Probe zu berechnen, muss man die Geradengleichung nach x wie folgt auflösen:

$$y = -58{,}34x - 184{,}33$$

$$x = (y+184{,}33)/(-58{,}34)$$

man erhält dann den dekadischen Logarithmus der Konzentration in mol/L. Will man die Konzentration im mol /L angeben, muss man 10^x berechnen. Um von 10^x mol/L auf mg/L umzurechnen, muss man das Ergebnis mit $1{,}8998 * 10^4$ multiplizieren.

Wasser	Sollwerte	Mittelwert (in mV)	Konzentration (in mg/L)	Fehler (in %)
St. Gero	0,15	99	0,264	76
Apollinaris	0,7	76,5	0,642	8,3
Leopolds	2,09	51	1,781	14,8

Die ermittelten Konzentrationen der drei Mineralwässer weichen von den auf den Etiketten angegebenen Werten ab.

5.1.3 Standardaddition von einem Wasser (St. Gero)

5.1.3.1 Versuchsdurchführung

Bei der Standardaddition entschieden wir uns für das Wasser St. Gero, damit ein Vergleich mit der Photometrie leichter fiel, die ebenfalls mit St. Gero durchgeführt wurde. Die Messung erfolgte mit Aufbereiteten St. Gero Wasser (siehe Probenaufbereitung). Es wurden 100 ml entnommen und 10ml TISAB dazugegeben. Um eine Änderung der Spannung von 10 mV bis 30 mV zu erreichen, führten wir vier Aufstockungen mit jeweils 50µL Fluoridstandard durch dessen Konzentration c = 1g/L betrug, sodass nach 50µL, 100µL, 150µL, 200µL Gesamtzusatz jeweils eine Messung statt fand. Die Probenlösung wurde unter Rühren gemessen. Auch hier wurde eine Dreifachbestimmung durchgeführt.

5.1.3.2 Messwerte

Volumen der Probe in mL inklusive TISAB	Standard-konzentration in mg/L	Standard-volumen in mL	Messwert in mV	Messwert in mV	Messwert in mV	Mittelwert der Messwerte in mV	Standard-abweichung
110	1000	0	101	106	108	105	3,61
110	1000	0,05	78	79	78	78,33	0,58
110	1000	0,1	64	64	63	63,67	0,58
110	1000	0,15	54	54	53	53,67	0,58
110	1000	0,2	48	47	46	47	1

5.1.3.3 Auswertung

Zur Ermittlung der Konzentration nach der Standardaddition wird folgende Gleichung verwendet:

$$c_x = c_s \frac{V_s / V_p}{10^{\Delta E / S} - 1}$$

In folgender Tabelle sind die daraus entsprechenden Konzentrationen abzulesen:

Theoret. Fluorid- konzentration in mg/L	Volumen der Probe in mL inklusive TISAB	Standard- volumen in mL	Mittelwert der Messwerte in mV	berechnete Fluorid- konzentration mol/L	berechnete Fluorid- konzentration mg/L	Mittelwert der berechneten Fluorid- konzentration mg/L
0,15	110	0	105	1,08474E-05	0,206	
0,15	110	0,05	78,33	1,27096E-05	0,241	
0,15	110	0,1	63,67	1,15051E-05	0,219	**0,217**
0,15	110	0,15	53,67	1,07572E-05	0,204	
0,15	110	0,2	47	1,06381E-05	0,202	

Der errechnete Gehalt an Fluorid im Wasser St. Gero lautet demnach **0,217 mg/L.**

Die daraus folgende Abweichung zur Angabe des Herstellers beträgt dann: **44,66%**

Da wir bei allen Messergebnissen einen deutlich erhöhten Gehalt an Fluorid im Wasser festgestellt haben, gehen wir davon aus, dass der wert des Herstellers nicht exakt ist.

(Dadurch dass man Standard addiert, wurden die Matrixeffekte ausgeschaltet oder eben vermindert.)

5.2 Fluoridbestimmung mittels Küvettentest LCK 323 der Firma Dr. Lange

5.2.1 Erstellung einer Kalibrierkurve

Zur Bestimmung der Fluoridkonzentration eines Fluoridstandards wurde der Küvettentest LCK 323 der Firma Dr. Lange verwendet.

5.2.1.1 Versuchsdurchführung

Zur Erstellung der Eichgeraden werden die in der Tabelle angegebenen Standardmengen in einen 100 mL Messkolben überführt und bis zur Eichmarke mit destillierten Wasser aufgefüllt.

Menge an Standard (In mL)	Konzentration (in mg/L)
0,01	0,1
0,05	0,5
0,07	0,7
0,10	1,0
0,15	1,5

Laut Versuchsvorschrift des Dr. Lange Küvettentests LCK 323 wird am CADAS 50 der Fluoridküvettentest (588nm) durch Barcodeerkennung eingestellt. Zunächst wird eine Küvette, die lediglich eine Lösung aus Zirkonium – Farblack enthält, zur Leerwertermittlung in das Photometer eingestellt. Der Deckel des Photometers wird geschlossen und der Nullabgleich erfolgt. Im Display erschein „1". Um nun die angesetzten Verdünnungen zu vermessen, wird die Küvette, die die Zirkonium – Farblack – Lösung enthält, entnommen und mit fünf Milliliter der jeweiligen Verdünnung aufgefüllt. Anschließend wird die Küvette eine Minute lang gut geschüttelt und wieder in das Photometer eingesetzt. Im Display erscheint die gemessene Konzentration der verdünnten Lösung. Diese Vorgehensweise wird mit allen angesetzten Verdünnungen als Doppelbestimmung durchgeführt.

Aus den gemessenen Werten wird eine Eichgerade erstellt, bei der die Ist – Werte gegen die Soll – Werte aufgetragen werden. Durch erstellen der Trendlinie erhält man die Geradengleichung.

5.2.1.2 Messwerte

Sollwerte (in mg/L)	Istwert in mg/L (1. Messung)	Istwert in mg/L (2. Messung)	Mittelwert
0,1	0,140	0,143	0,142
0,5	0,580	0,580	0,580
0,7	0,765	0,789	0,777
1,0	1,020	1,050	1,035
1,5	1,300	1,300	1,300

5.2.1.3 Auswertung

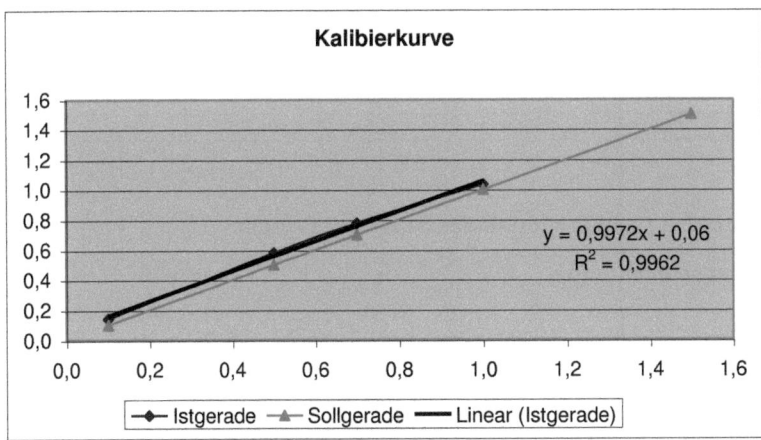

Mit Hilfe der Trendline erhält man für die Geradengleichung:

y = 0,9972x + 0,06

Da der gemessene Wert 1,3 mg/L sehr stark vom Sollwert 1,5 mg/L abweicht, wurde dieser Wert bei der Graphik nicht berücksichtigt. Da 1,5 mg/L die obere Nachweisgrenze des Küvettentests ist, ist diese starke Abweichung nicht verwunderlich. Auch bei der zweiten Messung verbesserte sich der Wert in diesem Bereich nicht. Da die Anwendung des Fluoridtest mit hohen Kosten verbunden ist, wurde auf eine dritte Messung verzichtet.

Ermittlung der Wiederfindungsrate WfR:

$$WfR = \frac{Xa}{Xr} \cdot 100\%$$

Ermittlung der Standardabweichung:

$$s = \sqrt{\frac{1}{n-1} \sum_{i=1}^{n} (X_i - \bar{X})^2}$$

Sollwerte (in mg/L)	Istwert in mg/L (1. Messung)	Istwert in mg/L (2. Messung)	Mittelwert	Standard-abweichung	Wieder-findungsrate (in %)
0,1	0,140	0,143	0,142	0,001	141,50
0,5	0,580	0,580	0,580	0,000	116,00
0,7	0,765	0,789	0,777	0,008	111,00
1,0	1,020	1,050	1,035	0,011	103,50
1,5	1,300	1,300	1,300	0,000	86,67

5.2.2 Bestimmung des Fluoridgehalts im Mineralwasser

5.2.2.1 Versuchsdurchführung

Laut Versuchsvorschrift des Dr. Lange Küvettentests LCK 323 wird am CADAS 50 der Fluoridküvettentest (588nm) durch Barcodeerkennung eingestellt. Zunächst wird eine Küvette, die lediglich eine Lösung aus Zirkonium – Farblack enthält, zur Leerwertermittlung in das Photometer eingestellt. Der Deckel des Photometers wird geschlossen und der Nullabgleich erfolgt. Im Display erschein „1". Um nun die Konzentration des Mineralwasser zu ermitteln, wird die Küvette, die die Zirkonium – Farblack – Lösung enthält, entnommen und mit fünf Milliliter des Mineralwassers aufgefüllt. Anschließend wird die Küvette eine Minute lang gut geschüttelt und wieder in das Photometer eingesetzt. Im Display erscheint die gemessene Konzentration des Mineralwassers. Dieser Versuch wird dreimal durchgeführt (Dreifachbestimmung), Nun führt man diese Vorgehensweise analog mit dem Mineralwasser Apollinaris durch. Da die angegebene Konzentration des Mineralwassers Leopoldsquelle über dem möglichen Messbereich des Küvettens liegt, muss dieses Mineralwasser vor Durchführung der oben genannten Vorgehensweise zunächst verdünnt werden. Hierzu haben wir 50 mL des Mineralwassers mit 50 mL destilliertem Wasser verdünnt, um so eine messbare Konzentration von 1,045 mg/L zu erhalten.

5.2.2.2 Messwerte

Mineralwasser	Sollwert in mg/L	Istwert in mg/L (1.Messung)	Istwert in mg/L (2.Messung)	Istwert in mg/L (3.Messung)	Mittelwert
St. Gero	0,150	0,231	0,231	0,238	0,233
Apollinaris	0,700	0,755	0,763	0,754	0,757
Leopoldsquelle	1,045	1,010	0,990	1,020	1,007

5.2.2.3 Auswertung

Mineralwasser	Sollwert in mg/L	Mittelwert	Fehler (in %)	Wieder-findungsrate in %
St. Gero	0,150	0,233	55,4	155,56
Apollinaris	0,700	0,757	8,1	108,19
Leopoldsquelle	1,045	1,007	3,6	96,33

6. Diskussionen

6.1 Fehlerdiskussion zum Versuchsteil ISE

Systematische Fehler
Systematische Fehler treten gleichbleibend bei mehreren oder gar allen Messungen auf und sind oft nur schwer zu erkennen.
> Das zur Verdünnung verwendete destillierte Wasser kann die Messungen der Elektrode beeinflussen, sollte es nicht vollkommen ionenfrei sein.
> Der mit ein zu kalkulierende Gerätefehler beträgt in unserem Fall laut Herstellerangaben:
> pH- Meter 765 [KNICK]: < 0,1% / ± 0,3mV
> Fluoridelektrode Typ 152153000 [Mettler Toledo]: bei ± 0,25mV entspricht ± 1% der gemessenen F^- Konzentration.
> Da der Standard selbst angesetzt wurde kann dies zu Ungenauigkeiten bei der Kalibrierreihe führen
> Durch Messung mehrerer Proben mit der ISE, kann es trotz größter Sorgfalt bei der Reinigung mit VE – Wasser und Tupfer zu Verschleppungen kommen.
> Eine vollständige Entfernung der Kohlensäure mit Hilfe des Ultraschallbads ist nicht gewährleistet und kann dadurch die Messung stören.

Zufällige Fehler

Die zufälligen Fehler sind unvermeidbar, da jede physikalische Messung mit einer gewissen Unsicherheit behaftet ist.
> Aufgrund der Oberflächenbeschaffenheit der Volumenmessgeräten aus Plastik bildet sich kein hundertprozentig deutlicher Meniskus aus.
> Ebenso bewirkt ein unterschiedliches Ablesen des Meniskus der einzelnen Gruppenmitglieder eine Erniedrigung der Richtigkeit der Messung.
> Um präzise Messergebnisse zu erzielen sollte darauf geachtet werden unter gleich bleibenden Bedingungen zu arbeiten (Temperatur, Luftfeuchtigkeit, etc.)
> Beim Messen mit der Elektrode sollte immer darauf geachtet werden, dass der Rührer sich nicht zu nah an der Elektrode befindet, da dies die Elektrode irritieren würde.
> Zu kurze bzw. unterschiedliche Wartezeiten bei der Messung mit der Elektrode können zu ungenauen Messergebnissen führen.

6.2 Fehlerdiskussion zum Versuchsteil Photometrie

Systematische Fehler

Additive Fehler entstehen z.B. bei instrumentellen Methoden durch Nichtbeachten von Blindwerten.
Multiplikative Fehler entstehen z.B.: in der Maßanalyse durch Falsche Einstellungen.
Nicht lineare Fehler entstehen bei optischen Methoden wegen der Abhängigkeit des Absorptionskoeffizienten von der Wellenlänge des Lichtes und der Brechzahl des Mediums. Die systematischen Fehler, die bei dem verwendeten Verfahren auftreten können, sind:

> Wäre der verwendete Standard falsch konzentriert, wäre das ganze Verfahren unbrauchbar, da es keine zuverlässigen Werte zum Berechnen der Konzentrationen gäbe.
> Wird die Probe nicht korrekt im Photometer positioniert kann der Lichtstrahl nicht optimal durch die Probe hindurch gelangen.
> jegliche Materialfehler am Photometer können zu falschen Messergebnissen führen, da sie die Messung auf unterschiedlichste Weise beeinflussen können.
> Gerätefehler (Herstellerangaben): CADAS 50

Messwertgenauigkeit 1% bei E = 1
Wellenlängengenauigkeit ± 2 nm
Stabilität des Nullpunktes ± 0,001E bei E= 1
Es bleiben systematische Restfehler, die sich nicht korrigieren lassen, so z. B. die Gerätefehler

Zufällige Fehler

> Durch das ständige Verdünnen, oder Umfüllen der Proben sind Ungenauigkeiten der Konzentrationen unvermeidlich, vor allem wenn in solch niedrigen Konzentrationsbereichen gearbeitet wird.
> Da Plastikgefäße verwendet werden müssen, ist die Ableseungenauigkeit erschwert. Dies ist zum einen darauf zurückzuführen, dass die Gefäße getrübt sind
> Treten an den Küvetten Verunreinigungen auf der Oberfläche auf, kann dies zu falschen Messwerten führen. Dies hat die Folge, dass der Lichtstrahl, der durch die Küvette fällt, zum Teil gestreut werden könnte.
> Luftblasen oder andere Partikel in der Küvette haben denselben Effekt.
> Die Vermessung der einzelnen Proben sollten unter möglichst gleichen Bedingungen stattfinden, dass heißt Temperatur, Schütteln und Zeitvorgaben sollten möglichst genau beibehalten werden. So können Proben die vor der Messung stehen andere Ergebnisse liefern, als solche, die konstant geschüttelt werden. Deshalb sollte auch die Zeitvorgabe des Küvettentests , 1 Minute schütteln, dann Messen, eingehalten werden.
> Beim Küvettentest ist genaues pipettieren wichtig, da der Küvette nur 5 mL Lösung zugeführt werden können. Schon kleine Abweichungen können das Ergebnis beeinflussen und zu hohen oder zu niedrigen Konzentrationsangabe führen.

6.3 Diskussion der Ergebnisse

Wasser	Sollwert (in mg/L)	Istwert (in mg/L) ISE	Fehler (in %) ISE	Istwert (in mg/L) Photometrie	Fehler (in %) Photometrie
St. Gero	0,15	0,264	76	0,233	55,4
Apollinaris	0,7	0,642	8,3	0,757	8,1
Leopoldsquelle	2,09/1,045	1,781	14,8	1,007	3,6

Sowohl bei der ISE als auch bei der Photometrie weichen die ermittelten Werte des Mineralwassers St. Gero besonders stark vom angegebenen Sollwert ab. Dies lässt darauf schließen, dass die Angabe des Herstellers sehr ungenau ist.

Bei dem Mineralwasser Apollinaris weicht sowohl der Istwert der ISE als auch der Istwert der Photometrie vom Sollwert um ungefähr 8% ab. Bei der ISE wurde ein geringerer Istwert als Sollwert ermittelt, bei der Photometrie hingegen ein höherer.

Betrachtet man die Werte des Mineralwassers Leopoldsquelle, wird deutlich, dass die Photometrie ein genaueres Ergebnis als die ISE liefert. Der Sollwert des Mineralwassers beträgt nach Verdünnung 1,0045 mg/L. Somit weicht der mit Hilfe der Photometrie ermittelte Wert lediglich um 3,6 %. Bei der ISE weicht der Istwert vom Sollwert hingegen um fast 15 % ab.

Eigentlich haben wir erwartet, dass die Methode der ionenselektiven Elektrode ein genaueres Ergebnis liefert als die Methode des Küvettentest. Anhand unserer Werte lässt sich aber erkennen, dass weder Photometrie noch ISE ein zufrieden stellendes Ergebnis lieferten.

Methodenvergleich (ISE/Photometrie)

Betrachtet man die Ergebnisse der beiden Methoden im Vergleich:
Vor- und Nachteile der beiden Anwendungen sind in der folgenden Tabelle zusammengefasst:

	ISE	Photometrie
Vorteile	Keine aufwendige Probenvorbereitung notwendig, die verdünnten Proben können direkt vermessen werden.	Da im Küvettentest bereits alle Reagenzien, die benötigt werden vorliegen, sind direkte Messungen und Konzentrationsangaben möglich.
	Die Standardaddition kann in einer Lösung stattfinden, es müssen nicht für jeden Konzentrationsbereich einzelne Lösungen vorbereitet werden.	Durch Barcodeerkennung des Küvettentests war keine Voreinstellung des Gerätes notwendig, was eine erhebliche Zeitersparnis bedeutet.
Nachteile	Die Elektroden des Gerätes sind äußerst empfindlich und nach Fehlbehandlung lange Zeit nicht einsatzfähig. Dies ist der Fall wenn hohe vor geringere Konzentrationen gemessen werden.	Hohe Kostenbelastung durch den Küvettentest.
		Sind einzelne Teile beschädigt oder defekt, muss das ganze Gerät zur Reparatur gebracht werden

Fazit

Beide Methoden lieferten keine zufrieden stellenden Ergebnisse, wobei mit der Photometrie geringfügig bessere Messergebnisse erzielt wurden.
Bei der Standardaddition mit der ISE lag der Wert dichter am Sollwert.

7. Literaturverzeichnis

Latscha, Linti, Klein
Analytische Chemie, Springer Verlag
4. Auflage (2004)

Douglas A. Skoog, James J. Leary
Instrumentelle Analytik: Grundlagen, Geräte, Anwendungen
1. Auflage (1996)

Friedrich Oehme
Ionenselektive Elektroden – Grundlagen und Methoden der Direkt-Potentiometrie
2. Auflage (1986)

Arnold F. Holleman, Nils Wiberg
Lehrbuch der Anorganischen Chemie
101. Auflage (1995)

Unterlagen zum AK2 – Pratikum

BEI GRIN MACHT SICH IHR WISSEN BEZAHLT

- Wir veröffentlichen Ihre Hausarbeit,
  Bachelor- und Masterarbeit

- Ihr eigenes eBook und Buch -
  weltweit in allen wichtigen Shops

- Verdienen Sie an jedem Verkauf

Jetzt bei www.GRIN.com hochladen und kostenlos publizieren